全国重要古生物化石产地调查与保护监测示范
全国重要地质遗迹资源调查与地质文化村建设支撑示范　项目联合资助

远古的生灵　化石的故事
——广西重要古生物化石科普图册

YUANGU DE SHENGLING　HUASHI DE GUSHI
——GUANGXI ZHONGYAO GUSHENGWU HUASHI KEPU TUCE

孙　淼　潘艺文　陆　刚　梁力杰　黄炳诚　季燕南　王剑昆　黄　卓 ◎ 编著

中国地质大学出版社
ZHONGGUO DIZHI DAXUE CHUBANSHE

图书在版编目（CIP）数据

远古的生灵　化石的故事：广西重要古生物化石科普图册 / 孙淼等编著 . —武汉：中国地质大学出版社，2024.4
ISBN 978-7-5625-5834-7

Ⅰ．①远… Ⅱ．①孙… Ⅲ．①古生物–化石–广西–图集 Ⅳ．① Q911.726.7-64

中国国家版本馆CIP数据核字（2024）第075400号

| 远古的生灵　化石的故事——广西重要古生物化石科普图册 | 孙　淼　潘艺文　陆　刚　梁力杰
黄炳诚　季燕南　王剑昆　黄　卓 | 编著 |

| 责任编辑：舒立霞 | | 责任校对：徐蕾蕾 |

出版发行：中国地质大学出版社（武汉市洪山区鲁磨路388号）		邮编：430074
电话：（027）67883511　　传真：（027）67883580		E-mail:cbb@cug.edu.cn
经销：全国新华书店		http://cugp.cug.edu.cn

开本：880mm×1230mm　1/16		字数：182千字　印张：5.75
版次：2024年4月第1版		印次：2024年4月第1次印刷
印刷：湖北睿智印务有限公司		

| ISBN 978-7-5625-5834-7 | | 定价：98.00元 |

如有印装质量问题请与印刷厂联系调换

《远古的生灵　化石的故事
——广西重要古生物化石科普图册》

编 委 会

主　编：孙　淼　潘艺文

副主编：陆　刚　钟锋运

参　编：梁力杰　黄炳诚　白　晓　季燕南　王剑昆
　　　　黄　卓

摄　影：潘艺文　陆　刚　梁力杰　黄炳诚　何劲松
　　　　王学恒　范　娜　李　乾　倪战旭　梁秋明
　　　　莫进尤　周府生

前　言

如果说石头是有灵性的，那么化石则是有灵魂的，这些来自远古的生灵，在亿万年间机缘巧合地被保存在了石头之中。它们见证了我们这个蓝色星球的历史，也见证了物种及人类的起源与进化过程；它们让我们看到了一个五彩缤纷、奇幻多姿的远古世界，它们把生命留在了亿万年不朽的石头中，让人们像穿越一道亘古的时空隧道，去探索曾经的世界……每一块化石，都述说着一段生命的历程，记录着一个传奇的故事，这是生命的回响，亿年的足音。

你知道什么是化石吗？古生物又是什么呢？

化石是指保存在岩层中已经石化了的生物遗体和它们的遗物（比如粪便、牙齿），还有它们曾经生活留下的一些痕迹（比如脚印、爬行轨迹等）。

古生物是指在地球演化历史过程中，有人类文字记载以前曾经生活于地球上，而现在已大部分灭绝了的生物。

你知道广西哪里有化石吗？

在广西的这片热土，自十几亿年前的元古宙以来，经历过许多次的海陆变迁，大洋与陆地的转换，沧海桑田，形成了各种沉积地层，可以说只要有沉积岩发育的地方几乎都可以找到化石。

广西丰富的化石资源吸引着全国和全世界古生物学家、学者的目光，也使这里成为古生物化石爱好者追寻远古生命的乐园。

岩层年代新老示意图

你知道广西都有哪些重要的古生物化石吗？

2020—2021 年，中国地质调查局、中国地质环境监测院为掌握全国各省（区、市）重要的古生物化石资源及其产地的保护与监测情况，实施了"全国重要古生物化石调查与保护监测示范"项目，其中广西的古生物化石产地调查工作，由广西壮族自治区区域地质调查研究院（广西地质公园与地质遗迹调查评价中心）承担，历时两年完成了广西大部分重要古生物化石产地的示范调查工作，基本查明了广西重要古生物化石产地 80 处，集中产地 7 处，涉及的各类古生物化石有 16 类 600 余属（种）。

本图册作为"广西的古生物化石产地调查"项目成果之一，由于工作中采集或发现精美的化石有限，因此仅给大家展示了部分产地中的极小部分化石，希望大家随我们一起欣赏那些埋藏于广西各时代地层岩石中远古生灵的同时，还能激发大家对古生物化石的爱好与探索生命科学的兴趣。

来自来宾的早石炭世叠层石。藻礁

目　录

01　化石的宝库：靖西果乐生物群 01

02　生命的壮丽：腕足动物（六景、武宣）...... 09

03　海洋世界：生物礁与珊瑚 20

04　恐龙世界：扶绥中国恐龙之乡 40

05　凝固的湖光翠影：宁明古鱼、植物 56

06　生命形迹：其他化石 67

　　后　记 79

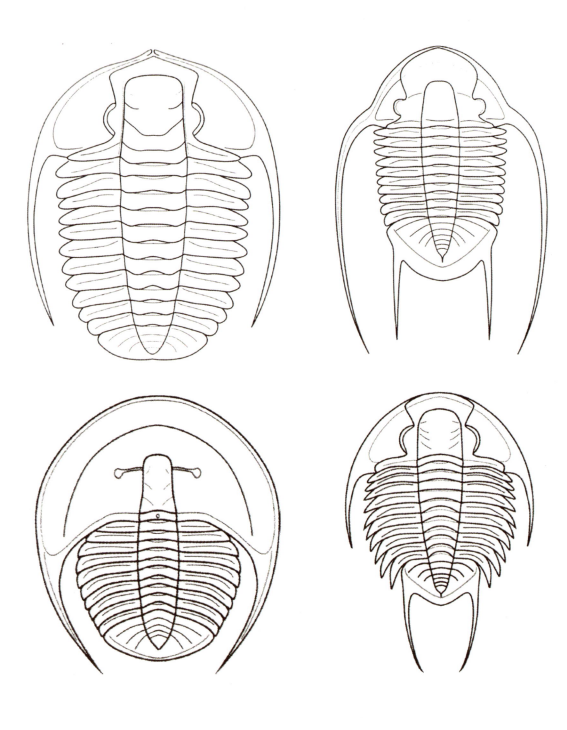

三叶虫复原线图

01

化石的宝库：
靖西果乐生物群

"寒武纪生命大爆发"是地球46亿年演化历史上的一次重大事件，它揭开了地球生命演化史的一个全新篇章，似乎现生生物的祖先都在寒武纪早期的"一瞬间"（很短的时间）突然出现了，这是生命进化史上的一次巨大飞越。

在生命大爆发后，寒武纪（距今5.38亿～4.85亿年）最繁盛的古生物当属节肢动物三叶虫，那时它们迅速发展壮大，成为了当时海洋的霸主，因此寒武纪又被称为"三叶虫的时代"。

广西靖西"果乐生物群"又被称为"果乐特异埋藏化石群"，就是这一时期（距今4.9亿～4.85亿年）的一个重要代表。

果乐生物群是目前广西区内已知化石种类最丰富、保存最精美的寒武纪古生物群落，产出的古生物化石有三叶虫、棘皮动物、蠕虫动物、腕足类、较原始的笔石、软舌螺、藻类、遗迹化石和非三叶虫节肢动物等，而且有许多未曾报道过的新属种。

已有的研究成果显示，果乐生物群中以三叶虫化石最为丰富，目前所发现的至少有22属29种。其中腕足类有6属7种，且多数为广西最古老的腕足类动物化石，原始棘皮类动物有8种不同的类型，另有5种以上的非三叶虫节肢动物、3种以上的软舌螺以及广西最古老的几种笔石化石。

果乐生物群的古生物化石属典型的"布尔吉斯生物群"化石。布尔吉斯生物群化石最早源自19世纪末发现于加拿大落基山的中寒武世"布尔吉斯页岩生物群"。近年来，该名词逐渐被德语名词"Konservat—Lagerstätte"（特异埋藏化石库）所代替。我国目前已发现的这类化石库有云南澄江生物群（距今5.18亿年）、贵州凯里生物群（距今约5.08亿年）等，它们在国际地层古生物学界享有盛名。

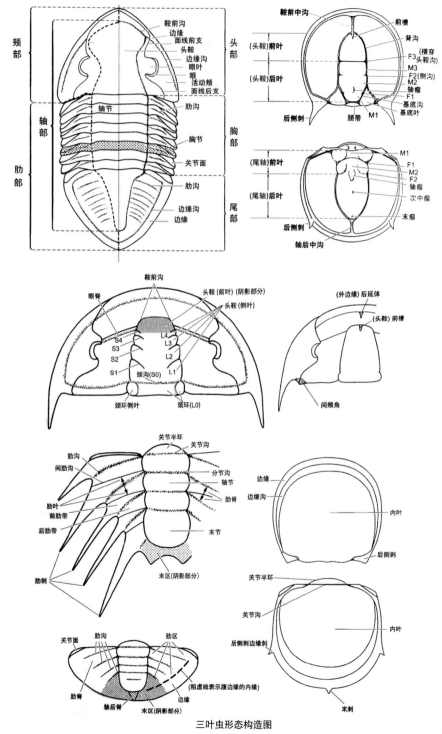

三叶虫形态构造图

特殊中华索克虫 *Sinosaukia distincta*

以"中华"命名的三叶虫，寓意自寒武纪生命大爆发后中华大地上生命体系兴盛的开始，它是果乐生物群最具代表的三叶虫属种之一。

大里中华索克虫 *Sinosaukia daliensis*

瓦尔克古索克虫 *Eosaukia walcotti*

图片由广西壮族自治区地质调查院（简称广西地质调查院）王学恒等提供。

01 化石的宝库：靖西果乐生物群

广西广西盾壳虫 *Guangxiaspis guangxiensis*

这是以"广西"命名的三叶虫。你看它长长的颊刺和尾刺是不是很有仙人老道的感觉或者一副来自外星的作派？很有特色吧！它可是广西寒武纪古生物化石的代表哦！它也是果乐生物群最具代表的三叶虫属种。

你看它像一只外星虫子吗？

图片由三叶虫图鉴化石网友彭城建客提供。

化石
远古的生灵 化石的故事
——广西重要古生物化石科普图册

这些三叶虫都是果乐生物群中最具有代表性的生物化石。

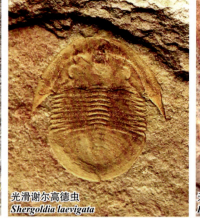
广西后蒿里山虫
Postikaolishania guangxiensis

光滑谢尔高德虫
Shergoldia laevigata

无刺和温虫
Hewenia anacantha

长刺小网形虫
Dictyella longispina

图片由三叶虫图鉴化石网友 彭城建客、御风而行提供。

广西后蒿里山虫
Postikaolishania guangxiensis

大里刺大尾虫
Spinamacropyge daliensis

靖西塔姆德盾壳虫
Tamdaspis jingxiensis

标准和温虫
Hewenia typica

光盖虫
Hewenia typica

长形值轮虫
Haniwa longa

01 化石的宝库：靖西果乐生物群

这些三叶虫之中除个别产自奥陶纪和泥盆纪的产地外，广西最丰富、最全的三叶虫化石都来自靖西果乐生物群，虽然它们不算最精美，但它为我们一窥亿万年前在果乐地区精彩纷呈的海洋世界提供了一扇窗口。

靖西美丽大尾虫
Callimacropyge jingxiensis

特殊中华索克虫
Sinosaukia distincta

古镰虫
Brachyhipposiderus antiquatus

靖西美丽大尾虫
Callimacropyge jingxiensis

舒马德虫
Shumardia sp.

新球接子
Neoagnostus sp.

图片由三叶虫图鉴化石网网友彭城建客、海涛提供。

光盖虫
Leiostegium sp.

球接子
Agnostus sp.

揪树沟小球接子
Micragnostus chiushuensis

克氏缝补球接子最大亚种相似种
Raptagnostus cf. *clarkimaximus*

越南沟通虫/D₁（南丹）
Ductina vietnamica Maximova

远古的生灵 化石的故事
——广西重要古生物化石科普图册

——这是古时候的果子吗？
——不，我觉得它更像是豆芽！
——哈哈，还有人说像樱桃。

告诉大家，这不是果子，也不是豆芽，它可是广西特有的一种远古动物！

它的名字叫靖西叶果 *Phyllocystis jingxiensis*，属于棘皮动物门海扁果亚门海桩纲角首目靴果科叶果属化石，在中国属首次报道。

右边这个"果"被谁咬了一口？它们也是叶果化石吗？

哈哈！它们也属于棘皮动物门化石。（但是名字还没有定呢！）
如果你对它也感兴趣就研究研究，将来给它取一个好名字。

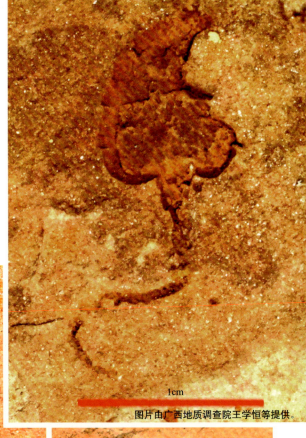

1cm

图片由广西地质调查院王学恒等提供。

王学恒提供。

01 化石的宝库：靖西果乐生物群

——这是一支唱歌的话筒吗？还是一朵荷花苞？

不，它的名字叫靖西始海百合 *Jingxieocinus guoleensis*。

顾名思义，它是最原始的海百合，由于它是广西靖西市新发现的一个品种，所以命名为靖西始海百合。

海百合想必大家都知道，它们像百合花一样，是一种棘皮动物。之所以叫海百合，是因为它们都生活在海洋里，身体整体呈花状，有一个像植物茎一样的柄，柄上有一个大大的冠（"花苞"），冠有羽状触手（如图1所示）。

海百合是滤食动物，捕食的时候会将触手高高举起，守株待兔，浮游生物经过后被"花苞"上的触手捕捉后送入口中。

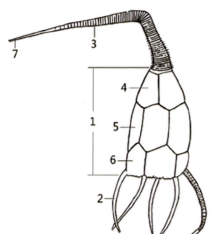

1. 萼；2. 腕羽；3. 茎；4. 底板；
5. 侧板；6. 辐板；7. 茎末端。

图1 海百合形态构造图

图片由广西地质调查院王学恒等提供。

这是"蚯蚓"化石吗?

不,它的名字叫 古蠕虫 Palaeoscolecids 。

古蠕虫 *Palaeoscolecids*

1cm

图片由王学恒提供。

古蠕虫 *Palaeoscolecids*

　　它们属于鳃曳动物门古蠕虫纲化石,直到今天它们仍存活于海洋深处。可别看它们是一群没手没脚、黏糊糊,像极了蚯蚓的肉虫子,但却在5.5亿多年前(埃迪卡拉纪)改变了世界。它们除了看起来让人不是那么的舒服外,似乎人畜无害,然而它们却是不折不扣的穷凶极恶的掠食动物。它们长着一个带有倒刺的"领"口,肠道中可以翻出一个带着无数利齿的咽喉,将毫无防备的猎物拽进腥臭肚子"地狱"之中。今天的鳃曳动物演化出了一串外鳃,这也是它们名字由来的原因。

　　它们就是寒武纪基质革命、德里斯巴赫灭绝事件的始作俑者。

02

生命的壮丽：
腕足动物（六景、武宣）

腕足动物：

是远古时期生活在海洋中的一大类有壳的无脊椎动物，它们的两瓣壳大小不一样，壳质是钙质或几丁磷灰质。分4个纲，分别是无铰纲、始铰纲、具铰纲和腕铰纲。

延续了6000多万年的泥盆系（距今4.19亿～3.59亿年）在广西晚古生代地层中保存最完整。广西泥盆纪形成的海相地层不仅分布广泛，生物化石种类极为丰富，且拥有4处华南海相泥盆系标准剖面，对于全球地层的对比研究具有重要意义。

六景泥盆系剖面是广西古生物化石的重要产地之一，其郁江组中产出的腕足类化石无论是种类还是个体数量上都达到巅峰，现有的资料表明其数量多达50属70余种。其中东京喙石燕、双腹扭形贝属极其丰富，全形贝科、扭月贝目、戟贝科、五房贝科、小嘴贝目、无洞贝科无窗贝科和穿孔贝目以及无铰纲的舌形贝、髑髅贝等也不计其数，是我国乃至世界上腕足类化石最丰富的剖面之一。

除腕足动物外，该产地尚有珊瑚类、苔藓虫、层孔虫、头足类、腹足类、三叶虫、海百合、鱼类等多门类动物，分异度极高，被古生物学家称为"六景生物群"或"六景腕足生物群"。

在武宣县二塘镇江秀村鸮头贝化石集中产地内，鸮头贝个体巨大、完整，造型灵动，体态优美，是广西最著名、最具特色的腕足动物化石之一，因此广西也有"鸮头贝之乡"的美誉。

不难想象，4亿多年前在六景、武宣等地宽阔的海域，水质清澈、阳光充沛、食物充足，无以数计的生灵们自由自在地生活在那里，那是一片生机勃勃的海洋世界，尽显生命的壮丽篇章。

然而，亿万年后的今天，那个曾经喧嚣的海洋世界已然被深深地镌刻在岩石中了。

鸮头贝 *Stringocephalus* sp.

一种腹部壳喙形似凶猛的鹰嘴的腕足类，壳体中等到大，双凸型，铰合线短，主端阔圆；喙部狭窄，尖锐，有明显的壳饰，腹壳发育显著的中隔板，个体4～12cm不等，个别达15cm。

广西产出的鸮头贝化石其个体造型之灵动，体态之憨厚优美，有着让大众赏心悦目、回味无穷的魅力；其群体之丰富密集，规模之壮观，让世人叹为观止！

鸮头贝化石备受世人瞩目，被全国各大博物馆及私人争相收藏，已成为广西古生物化石界的一张靓丽名片。

鸮头贝 *Stringocephalus* sp.

02 生命的壮丽：腕足动物（六景、武宣）

产自广西来宾市武宣县中泥盆统（距今约 4 亿年）东岗岭组中的鸮头贝化石。

大量完整、精美的鸮头贝个体密布堆积，由此可见约 3.9 亿年前，在这片浅海域，生物是何等的繁荣昌盛！然而今天它们却已淹没在地球浩瀚的历史长河之中。

远古的生灵 化石的故事
——广西重要古生物化石科普图册

产自贵港市蒙公镇下泥盆统郁江组中保存完整、丰富、原地堆积的腕足类化石群。

大量的腕足类和珊瑚遗骸密密麻麻、堆积如山，不禁让人想象 4.0 亿年前，这些海洋的生灵是何等的繁盛，而又疑惑它们是如何被集体埋藏在此形成了化石群。

02　生命的壮丽：腕足动物（六景、武宣）

一个完整的东京喙石燕个体（有的达 7.0cm×3.0cm）。这是六景镇郁江组中最常见的腕足动物之一，这种腕足动物两翼横展极宽，外形很像展开双翅的燕子，石燕因此得名。不过，因为翼尖脆弱很容易折断，在野外要想找到很完整的"燕子"，还是需要一点运气的，如果你采到"幸运燕子"，相信一定会给你带来好运哦！

产自贵港市蒙公镇郁江组中保存完整、丰富、原地堆积的腕足类化石唾手可得（以东京喙石燕为主）。

幸运的"燕子"

折翼的"燕子"
Rostrospirifer tonkinensis

产自广西六景镇下泥盆统那高岭组中保存完整、丰富、原地堆积的腕足化石群。

戟贝（上）*Dicoelostrophia* sp.

郝韦尔石燕（下）*Howellella* sp.

郝韦尔石燕（左）
Howellella sp.

那高岭东方石燕（右）
Orientospirifer nakaolingensis

02 生命的壮丽：腕足动物（六景、武宣）

产于广西六景镇下泥盆统那高岭组中的石燕和郁江组双腹扭形贝化石。

双腹扭形贝 *Dicoelostrophia* sp.（右下黑圈中的化石）

一种轮廓像肺叶状的怪异腕足类，壳体比较扁平并且比较薄，个体一般 2～3cm 不等。

在六景镇产地内它与前面介绍的石燕动物一样数量众多，从而轻易就可以找到。

图片引自《隐藏的风景——广西古生物化石记》（曾广春等，2018）。

图片由广西地质学校刘干荣提供。

产于贵港市蒙公镇下泥盆统郁江组中的腕足类化石。

产自贵港市蒙公镇郁江组中的腕足类化石（左：东京喙石燕）。

鸮头贝 *Stringocephalus* sp.

02 生命的壮丽：腕足动物（六景、武宣）

1	2
3	4

1、2：产自贵港市下泥盆统四排组中的腕足类化石（个体 7～8cm）。

3、4：产自贺州市中泥盆统信都组中的腕足类化石（个体 1～1.5cm）。

广西伯灵贝 *Billingsella guangxiensis*

一种像蚌壳一样的古老腕足类化石。

产自"果乐生物群"寒武系芙蓉统唐家坝组中最古老的腕足动物化石——伯灵贝（个体1.5～2.5cm）。

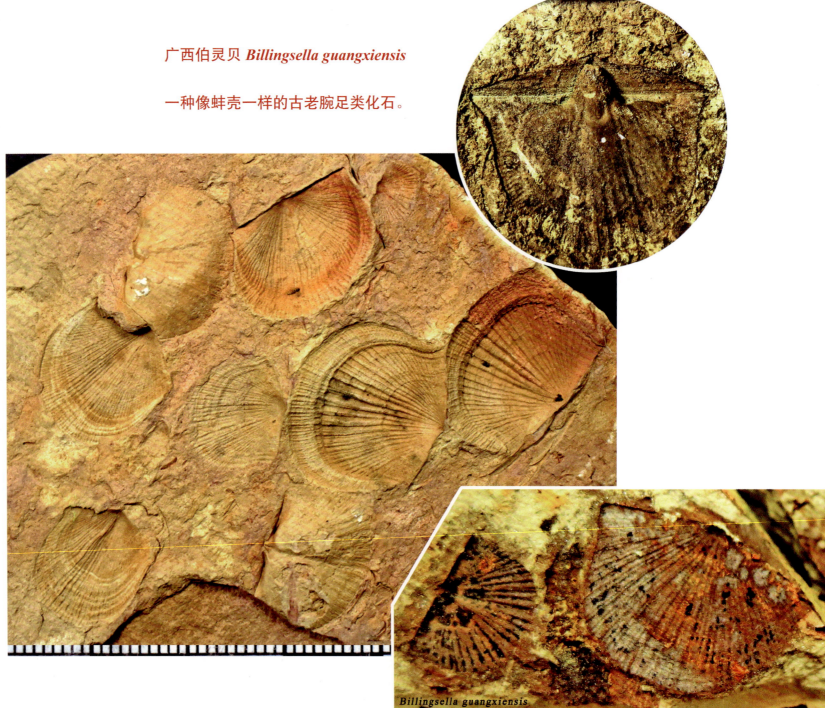

02 生命的壮丽：腕足动物（六景、武宣）

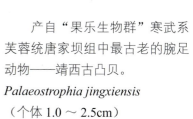

产自"果乐生物群"寒武系芙蓉统唐家坝组中的圆货贝。
Obolus sp.（个体 1.0～2.5cm）

产自"果乐生物群"寒武系芙蓉统唐家坝组中最古老的腕足动物——靖西古凸贝。
Palaeostrophia jingxiensis（个体 1.0～2.5cm）

图片由广西地质调查院王学恒提供。

03
海洋世界：生物礁与珊瑚

什么是礁？生物礁又是什么？

礁这个词来源于古老的挪威语（irf），意思是脊，航海家最初把那些狭窄的岩石脊称为礁。今天我们说的礁包括现代礁（reef）和古代礁（ancient reef）。

珊瑚礁是现代生物礁的重要代表，由珊瑚和红藻组成，红藻起包覆、缠连作用。而古代的礁，造礁生物（或者造架生物）除珊瑚以外，还有其他很多种生物。我们把古代由生物建造形成的礁称为生物礁（organic reef）。

生物礁是指具有一定数量生物组成的礁体，这些生物有造架生物、联结包覆生物，还有附礁生物，是由生物和生物作用形成的碳酸盐岩（石灰岩）沉积体。生物群落组合通常能够抗击较强风浪，且有凸起的正地貌地形。

03 海洋世界：生物礁与珊瑚

礁有哪些分类呢？它们的生长和形成过程又是怎么样的呢？

根据目前的科学研究及现代海洋中礁的分布情况看，礁的分类有岸礁、点礁、边缘礁或陆架边缘礁及半深海—深海中的环礁、塔礁。

生物礁的生长发育通常分为4个阶段（或时期）。

第一阶段（定殖期）。 这是造礁生物"住"下来的时期。生物礁的发育初期，海底沉积的是松散（松软）的灰泥、生物碎屑、砂屑等沉积物，一些藻类等植物以及棘皮类等动物在这些沉积物表面上繁殖，零星的造礁生物（如枝状藻类、苔藓虫、珊瑚、海绵等）在上面开始生长，它们扎下根来或者固着底部，使松散沉积物得到连接固定。

第二阶段（拓殖期）。 这是造礁生物开拓建造家园的时期。造礁生物以分枝、丛状、丛状群体等多种初期形式繁殖生长起来了，它们之间的空隙就成了其他附礁生物栖息生长的空间，这个时期各种各样生物开始增多，也为造礁生物进一步繁盛创造了条件，造礁生物不断开拓领地占据生存空间。

第三阶段（繁殖期）。 这是造礁生物家族繁盛的时期。不论是造礁生物还是附礁生物都得到了迅速发展，生物门类丰富，形成了多姿多彩的海洋生物世界；造礁生物在数量上也急剧增多，丰度极高，不同层次、更为复杂的栖居地大量出现，也就是说礁体里洞穴、犄角旮旯等随处可见。礁体进一步向海平面生长，礁体具有显著的抗浪能力。

第四阶段（统殖期）。 这是造礁生物族长或占极少数的族长小团体独大统治的阶段。礁体完全发育成熟，礁由类型及数量上独占优势的某种或某些生物占统治地位，之后由于礁暴露于浪基面附近，容易形成大量礁角砾，且这一时期礁的生长很容易受各种因素的影响，有可能迅速衰落，也有可能继续生长。例如有的暴露在水面上，有的因海平面的快速上升而被淹灭，从而使一个时期造礁生物终结，被非礁沉积体覆盖。

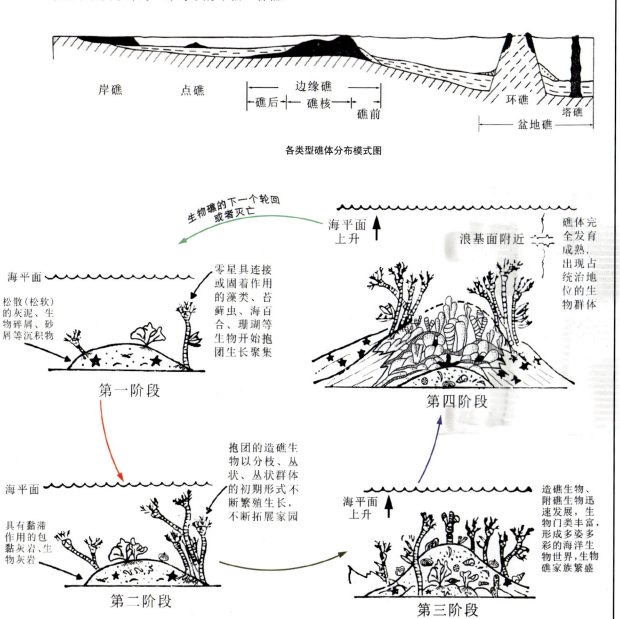

各类型礁体分布模式图

远古的生灵 化石的故事
——广西重要古生物化石科普图册

层孔虫生物礁

层孔虫（Stromatoporoid）

是一种已经灭绝的古代海洋生物，生活于距今4.8亿～1.0亿年的奥陶纪—白垩纪时期，是一种多细胞生物，属海绵动物门层孔虫纲中的层孔虫目，它们靠固着在海底群体生活。

今天我们在岩石中能看到的是它们层状生长的钙质骨骼，它们形态多样，大小几毫米至几十厘米不等，有球状、半球状、条块状、不规则块状及枝状等。

这种生物通常生活在温暖、清澈、盐度正常和光照条件好的浅海环境中，常和珊瑚、藻类、苔藓虫等共生而形成生物礁，是地球历史上一类重要的造礁生物。

产自北流市中泥盆统纪北流组中的一个球状层孔虫个体，直径35cm。

层孔虫生物礁

由具原地生长状态的球、半球状层孔虫（岩中细腻斑块）形成的巨块状层孔虫礁灰岩，产自北流市城北区的水泥矿区采场。岩层单层厚度大于2m（红色箭头所示为其中的层孔虫体）。

层孔虫生物礁

层孔虫内部结构构造

产自北流市中泥盆统北流组中原地生长状态的块状层孔虫与珊瑚共生。

层孔虫生物礁

可见层孔虫体与蓝绿藻共同生长而形成的层孔虫—藻缠结结构构造（红色箭头标示部位）。

来自环江县上朝镇北山村的蓝绿藻—层孔虫礁，从图中我们可以看到呈纹层状原地生长的块状虫体。

层孔虫生物礁

产自环江县北山乡上朝村的由层孔虫生长、建造形成的层孔虫礁灰岩。

产自北流市城北区的一个半球状层孔虫个体（直径30cm）。

层孔虫生物礁

产自桂林市阳朔县城的由层孔虫生长、建造形成的层孔虫礁灰岩，具明显的礁基→礁盖建造旋回。

完整的球状层孔虫个体（直径 4～7cm）。

来自乐业县具原地生长状态的分枝海绵个体（长约6cm）。

海绵生物礁

海绵被认为是最原始、低等的一种多孔动物门。钙质海绵纲的海生动物，是二叠纪（距今2.98亿～2.52亿年）的主要造礁生物。

产自凤山金牙的一个单个体串管海绵（长约45cm）。

海绵生物礁

产自隆林县天生桥的一个完整海绵个体（高约 6.5cm），可以清晰地看到内部的构造特征。

图中 A 为其生长的体壁，B 为其内部的拱形房室，整齐且间隔较大，C 为在其生长过程中留下的空洞，被后期淡水方解石充填，D 为向侧方向生长的另一分枝虫体基部。

海绵生物礁

隐腔海绵

产自隆林蛇场的由原地生长和就地倒伏的海绵及藻灰泥形成的黏结海绵—藻礁灰岩。

产自隆林天生桥的由大量原地生长的海绵及藻形成的藻缠结海绵礁灰岩。

03 海洋世界：生物礁与珊瑚

海洋的世界：珊瑚

珊瑚虫：

　　是一种海生圆管、圆筒状的腔肠动物，由具有分泌石灰质的外层细胞形成的外骨骼（外壁）和包裹在里面的软虫体两部分构成，它们活着的时候色彩非常绚丽。

珊瑚：

　　是珊瑚虫死后留下来的骸（遗）体，石灰质骨骼。

珊瑚化石：

　　是古代珊瑚虫石灰质骨骼经漫长的地质历史时期石化作用后保留下来的石质遗体。常见的珊瑚化石有单体和复体两大类。珊瑚化石的形态多数像树枝，也有饼状、碟状、球状、块状。

　　珊瑚化石在其貌不扬的外表下，有着极佳的质地和清晰的纹理，具有很高的观赏价值，不仅可以作装饰品，据说还有药用价值。

　　　人类对珊瑚的使用最早可追溯到古希腊和古罗马时代。19世纪早期，珊瑚饰品在英国就非常流行，据说英国女王伊丽莎白9个月大的时候，她的母亲就把一条粉红色珊瑚项链作为礼物送给了她，后来这条饱含英国王室传统的粉红色珊瑚项链，被作为珍贵的珠宝在皇室世代相传。

海洋的世界：珊瑚

似耙珊瑚 (*Xystriphylloides* sp.)

产自贵港市蒙公镇，是一种丛状的复体珊瑚，个体有细圆柱状、六边柱状，呈链状排列，特征显著。它是广西下泥盆统郁江组中的典型化石，与大量的喙石燕、双腹扭形贝共生。

Xystriphylloides sp.

03 海洋世界：生物礁与珊瑚

海洋的世界：珊瑚

北流孔珊瑚 (*Xystriphylloides* sp.)

产自北流市城北区，俗称"草鞋珊瑚"，是一种丛状的群体珊瑚，单个枝体为角圆、多角形，呈网状排列，体壁由羽状层组成，中央的黑线明显，特征显著。它是广西中泥盆统北流组中典型的具有地方特色的生物，与大量的层孔虫、通孔珊瑚共生。

欢迎大家到广西北流来寻找这只 3.8 亿年前的"草鞋"。

海洋的世界：珊瑚

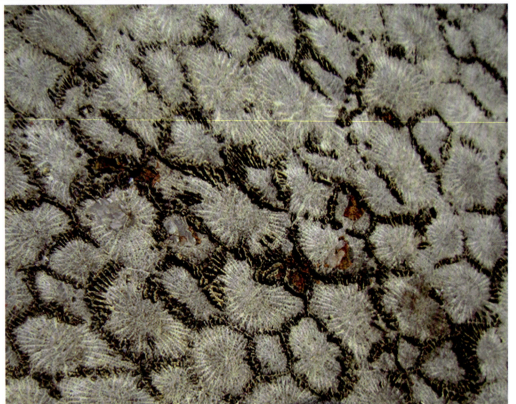

蜂巢珊瑚（*Favosites* sp.）

产自象州，是一种复体珊瑚，外形主要有半球状、饼状或不规则块状，个体一般较大，在野外能见到的最大者呈直径 1m 的饼状。

蜂巢珊瑚的表面就像蜂窝格子状，实际上它是由许多不标准的六边形单个体组合而成的。蜂巢珊瑚广泛分布于志留纪（距今 4.4 亿年）—二叠纪（距今 2.5 亿年）时期的海相地层中，是一种十分常见的珊瑚种类。

产自贺州市贺街铺门镇的一丛状群体珊瑚。密集的细枝管状（直径 1mm）单体，呈丛状向上、向两侧生长，非常有意思的是它们成了类似扇子一样的群体组合。

海洋的世界：珊瑚

伊泼雪珊瑚（*Ipciphyllum* sp.）

产自来宾蓬莱滩，是一种块状的复体珊瑚，由许多六边形、不规则多角柱状单体组合而成，具有复中柱，断面呈蛛网状，十分漂亮。

伊泼雪珊瑚广泛分布于中二叠世（距今约 2.65 亿年）时期的海相地层中，是一种较为常见的珊瑚种类，常形成珊瑚礁。

图中分别展示了伊泼雪珊瑚的纵断面和横断面特征，在纵断面上可以见到棱角枝状的单柱体紧密相连（直径 0.7～1cm），在左边的横断面上可以看到放射状隔壁与风化后呈孔洞的中柱像极了一个个小型火山锥，非常有意思。

海洋的世界：珊瑚

卫根珊瑚（*Waagenophyllum* sp.）

产自来宾市蓬莱滩，是一种纵状的复体珊瑚，由许多细圆柱状单体（直径 0.4～0.7cm）组合而成，发育明显的二级隔壁，复中柱圆形较大，断面呈花朵状，十分漂亮。卫根珊瑚广泛分布于中二叠世（距今约 2.65 亿年）时期的海相地层中，是一种较为常见的珊瑚种类。

03 海洋世界：生物礁与珊瑚

海洋的世界：珊瑚

左图：分珊瑚（*Disphyllum* sp.）

　　一种丛状的复体珊瑚，由许多圆柱状单体（直径 0.7～1.2cm）组合而成，形态呈球状、块状、盘状、饼状。发育二级隔壁，一级隔壁薄，中段加厚。分珊瑚广泛分布于中—晚泥盆世（距今 3.87 亿～3.58 亿年）的海相地层中，是一种较为常见的珊瑚种类。

海洋的世界：珊瑚

泥盆纪小角日射脊板珊瑚
（*Heliophyiium corniculum*）

一个单体珊瑚，长 3cm，个体较小，结构简单，形状微微弯曲。

照片引自《化石：洪荒时代的印记》（理查德·福提，2017）。

单体皱纹珊瑚——杯珊瑚
（*Cyathophyllum* sp.）

个体直径 6cm，珊瑚骨骼外壁间的空隙被方解石充填，形成颜色较浅的区域。珊瑚化石的研究通常是将珊瑚体切割成这样来观察其内部结构的。

照片引自《化石：洪荒时代的印记》（理查德·福提，2017）。

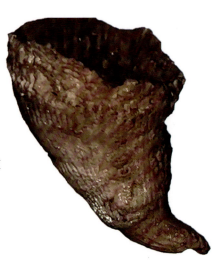

来自横县六景的拖鞋珊瑚（*Calceola*）

一种单体珊瑚，顾名思义，其外形呈"V"字形的尖头拖鞋状，底面平坦，另一面弧形拱起，表面有横向生长的细密纹，开口处有萼盖（就像现今的螺丝盖），生活时能启闭，死后盖子很容易脱落，在野外很难找到带萼的化石。拖鞋珊瑚是郁江组中常见的标准化石之一，与腕足类等共生。

照片引自《隐藏的风景——广西古生物化石记》（曾广春等，2018）。

03 海洋世界：生物礁与珊瑚

海洋的世界：珊瑚

产自广西河池环江县的贵州珊瑚
（*Kueichouphyllum* sp.）

它是一种大型的锥柱状单体珊瑚。贵州珊瑚是早石炭世晚期（距今约 3.2 亿年）地层中最常见的一种标准珊瑚化石，常与其他种类珊瑚、腕足类等共生。由于它外形像牛角或者羊角，所以有人又称它为牛角珊瑚或者羊角珊瑚。

这是 3.2 亿年前的"牛角"和"羊角"。

04
恐龙世界：扶绥中国恐龙之乡

恐龙——古爬行动物的重要代表，在很多人的心中它就是化石的同义词！在地球上曾出现过的最大陆生动物就来自恐龙家族（如腕龙），而捕杀这些庞然大物的猎手——霸王龙更是无人不知，它们在孩子们心中占据着十分重要的位置。

1.25 亿～1.0 亿年前（早白垩世），在广西南部的扶绥县那派盆地也生活着一群此类庞然大物。

自 1972 年该地首次报道有恐龙化石以来，先后发现并挖掘出大量蜥脚类、棘龙类、兽脚类、鸟脚类和角龙类等恐龙化石。2001 年，在该盆地的六榜屯挖掘出"一窝三龙"（赵氏扶绥龙、何氏六榜龙和一个未命名的小个体未成年蜥脚类恐龙），其中的赵氏扶绥龙是目前世界上白垩纪早期最高大的蜥脚类恐龙之一，堪称"稀世珍宝"。

2013 年，扶绥县被划为全国首批"国家级重点保护古生物化石产地"；2015 年获得"中国恐龙之乡"称号。

产自南宁市良庆区大塘镇的广西大塘龙复原关联后的腰带和尾椎骨（长约100cm）。你看它的形态是不是也像一只恐龙呢？

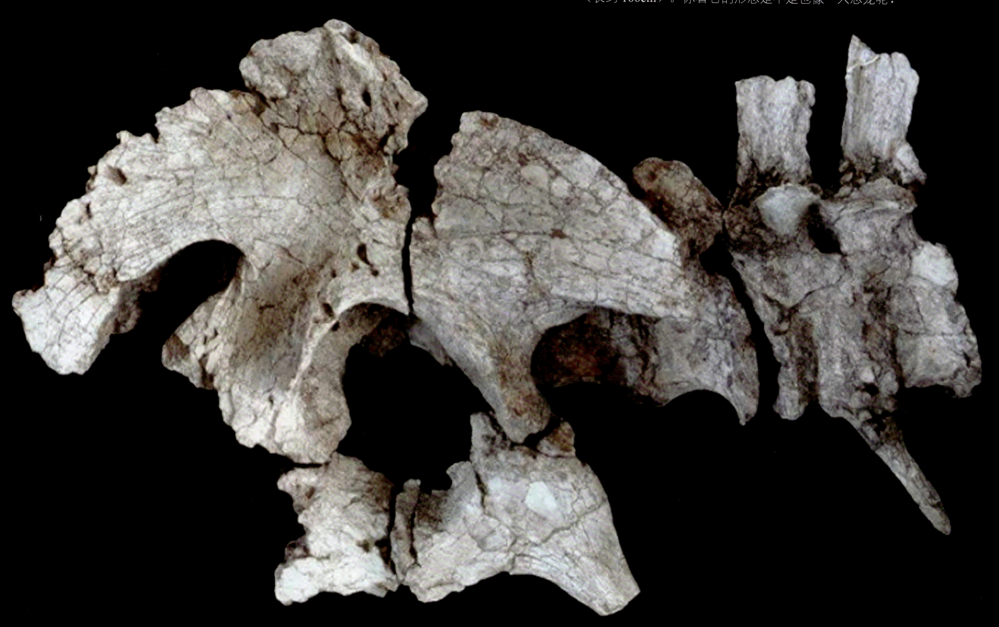

远古的生灵 化石的故事
——广西重要古生物化石科普图册

图为赵氏扶绥龙的右肱骨（长 183.5cm）。由这块骨头推测，赵氏扶绥龙活着的时候，体长约 30m，高 24m，体重 35t。它是迄今为止发现的世界上最大的白垩纪蜥脚类恐龙之一。

图片由广西自然博物馆莫近尤研究员提供。

04 恐龙世界：扶绥中国恐龙之乡

挖掘现场，技术人员在对挖掘后出露的恐龙化石进行清理工作。

赵氏扶绥龙（*Fusuisaurus zhaoi*）的复原图。它是一种中国南方原始的泰坦巨龙形类（蜥脚类植食性恐龙），生活于1.2亿年前（早白垩世）的广西扶绥县，目前在广西仅发现一个属种，为纪念中国古生物学家（恐龙学家）赵嘉进先生而命名。

赵氏扶绥龙有一条像蛇一样的细长脖子，小小的脑袋，走起路来慢慢悠悠的，十分可爱，所以又有人称它为"天鹅颈龙"。

何氏六榜龙复原装架图。

广西采集到的何氏六榜龙的背椎骨及复原图。

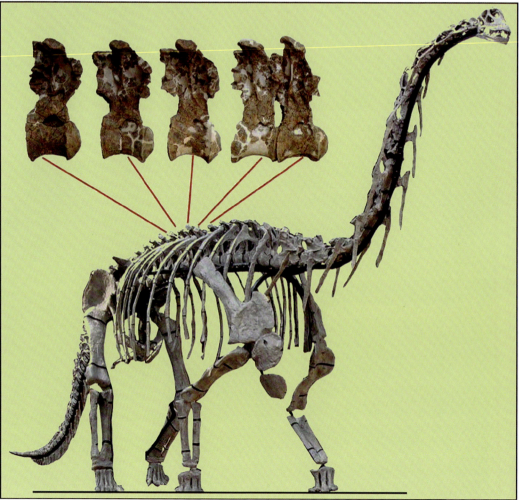

何氏六榜龙（*Liubangosaurus hei*）——一种真蜥脚类恐龙，约在 1.1 亿年前（早白垩世）生活在扶绥县一带。

何氏六榜龙的右尺骨（长 120cm）。
尺骨是什么骨？像尺子一样的骨头吗？
不！尺骨是分布在前臂内侧的两根骨头中的一块。

何氏六榜龙的右肩胛乌喙骨（长 164cm）。它是锁骨稍后方较粗大的棒状骨头，乌喙骨是爬行动物、鸟类和哺乳类动物的肩胛带骨之一。由这块骨头推测，这只恐龙当时高 6m，身长约 20m。

图为恐龙挖掘现场。

在广西扶绥县已发现的恐龙种类包括真蜥脚类、巨龙形类、棘龙类、鲨齿龙类、鸟脚龙类和鸭嘴龙类等。已经研究命名的有：

广西亚洲龙
Asiatosaurus kwangshiensis

广西原恐齿龙
Prodeinodon kwangshiensis

赵氏扶绥龙
Fusuisaurus zhaoi

何氏六榜龙
Liubangosaurus hei

此外，这个地方还发现了丰富的鳄鱼、龟鳖、硬鳞鱼、软骨鱼、双壳（蚌壳）类和植物等化石。

广西大塘龙（*Datanglong guangxiensis*）：

2010年9月，广西壮族自治区区域地质调查研究院在开展1：5万小董测区区域地质调查时，于南宁市良庆区大塘镇那造村发现的一个新恐龙属种，约在1.1亿年前（早白垩世）生活在南宁市大塘镇一带，属于兽脚类恐龙（凶猛的肉食性双足恐龙），从挖掘到的骨骼大小判断，这只恐龙活着的时候已经成年，身长约8m，臀高约3m。

广西大塘龙脊椎骨（骨骼长100cm，宽35cm）。

左 | 右

左：修复后的荐椎和肠骨（后侧视）。

右：修复后的背椎、荐椎和左肠骨（前侧视）。

修复后关联的恐龙脊椎（右侧视）

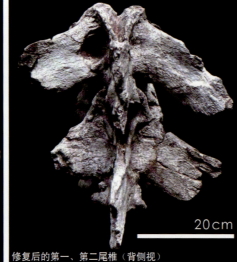

修复后的第一、第二尾椎（背侧视）

修复后的荐椎和肠骨（腹侧视）

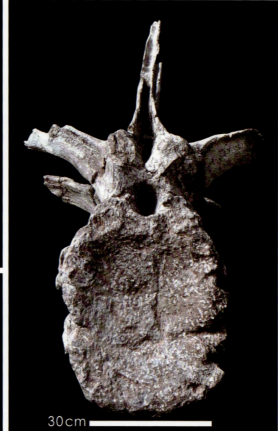

第一、第二尾椎（前侧视）

第一脉弧（前侧视）

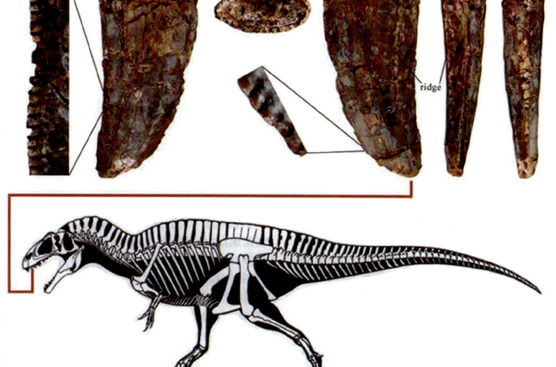

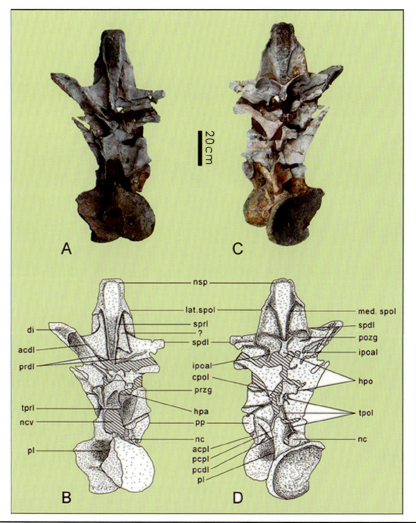

产自防城江山半岛的蜥脚类恐龙背椎骨,时代为距今约1.5亿年的侏罗纪晚期。(A 和 B 为前视;C 和 D 为后视)

上图:产自扶绥六榜屯的鲨齿龙牙齿标本及复原图。

下图:产自藤县禽龙类恐龙背椎神经弓,时代为距今约1.1亿年的白垩纪。(A. 前视;B. 后视;C. 左侧视;D. 背视;E. 腹视)

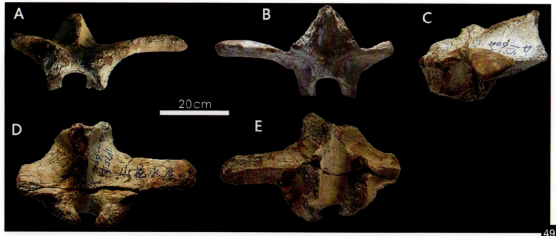

产自广西宁明县海渊电站的恐龙化石标本，目前尚未鉴定属种。初步时代为距今约 1.7 亿年（中侏罗世），现有资料表明其可能是目前广西发现的最古老的恐龙化石。

04 恐龙世界：扶绥中国恐龙之乡

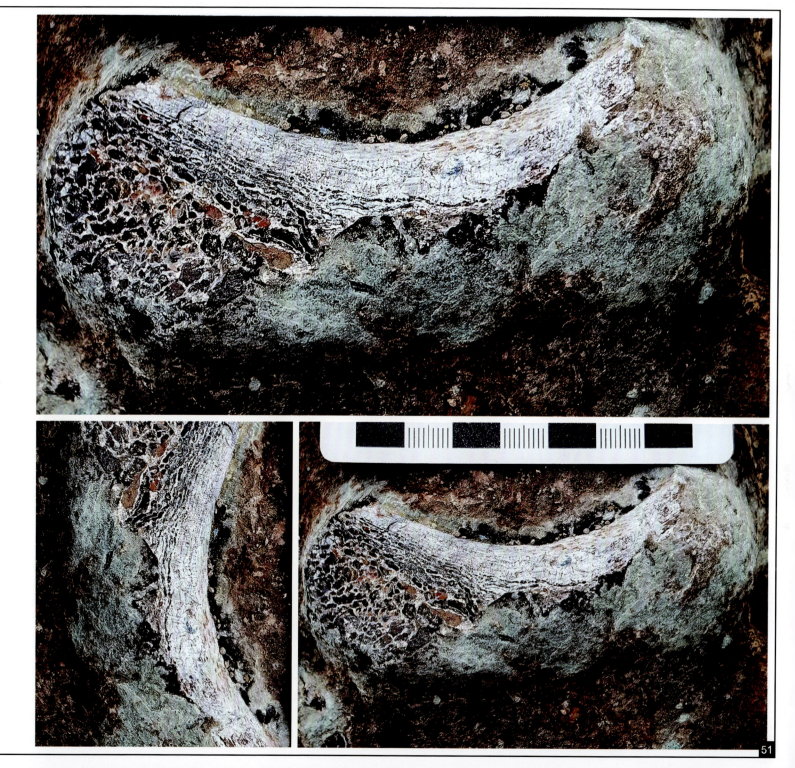

这是 2021 年 6 月新发现于东兴市楠木山村上侏罗统东兴组的一块恐龙肢骨化石。

它形态微弯，呈弧状，似一宝锁。外层包裹了一层淡绿色的包浆——这可是经历了 1.45 亿～1.6 亿年所形成的包浆啊！现今，包浆剥落了一片，露出精美的结构——致密的骨密层至酥松多空的骨松层，钙质的骨质及其结构石化，后期铁质的充填如凝固的血液。这精美的结构，让人不禁联想到了金丝楠木，楠木山村产出的精美的恐龙骨骼化石，那么我们就称之为金丝楠骨化石吧。

远古的生灵　化石的故事
——广西重要古生物化石科普图册

这是 2021 年 6 月 10 日在广西东兴市新发现的侏罗纪晚期的恐龙骨骼化石。广西又新增一处重要古生物化石地质遗迹。它是在高速铁路东兴市站站前路施工过程中的偶然发现，是一个"偶然"的重大发现。

图片中这一东兴恐龙胫骨化石十分完整，但是在施工中关节部断离，遭受损坏。庆幸的是抢救性保护工作开展及时，受损部分未被遗失和进一步损坏。受损胫骨的断裂面清晰地显露出经历了至少 1.45 亿年地质作用石化、改造的恐龙骨骼结构构造特征。试问如果不是无意的损断，谁能将此珍贵完整的龙骨折断来一看它的内部结构构造呢？这是工程施工的损坏，也是工程施工的发现，更是工程施工的揭示——"塞翁失马，焉知非福"。

这一"偶然"发现，是 1 亿多年时光的机缘，我们应该倍加珍惜！

04 恐龙世界：扶绥中国恐龙之乡

东兴恐龙化石点的新发现可谓是石破天惊，龙出南国，它是在中国最北端伊春嘉荫自1902年发现第一个恐龙化石点120年之后，在中国最南端的又一个重大发现。

股骨近端 *proximal femur*

背椎 *dorsal vertebra*

远古的生灵 化石的故事
——广西重要古生物化石科普图册

东兴恐龙骨骼实体化石与足迹遗迹化石同地产出，这在全国甚至是全世界发现的恐龙化石产地中都是罕见的，其蕴藏的科学意义非凡。

中棘龙科牙齿 *Metriacanthosauridae teeth*

窄足龙足迹 *Therangospodus sp.*

剑龙科中部背肋 *stegosauridae dorsal rib*

这是宇宙中变幻莫测的星云图，还是达·芬奇的密码簿？

不，这是东兴市侏罗纪恐龙骨骼化石的显微镜下照片——让我们透过1亿多年的时空一窥龙骨化石与其围岩的微观世界，方寸之间有乾坤，精美的化石会说话！

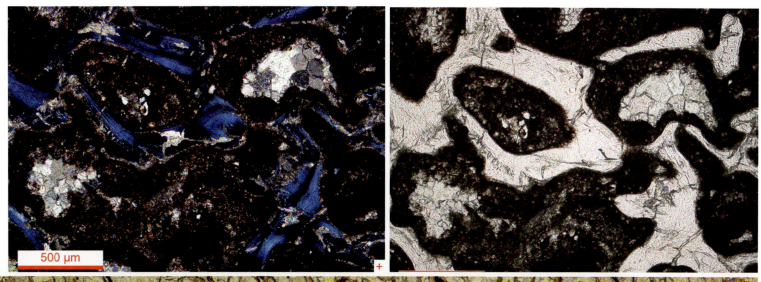

图中蓝色为正交偏光，其他为单偏光，1mm=1000μm。

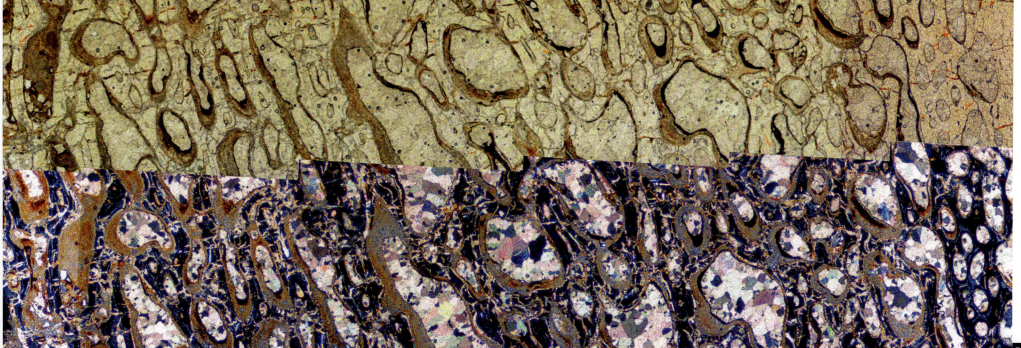

05 凝固的湖光翠影：宁明古鱼、植物

宁明盆地位于广西西南部，距首府南宁约170km。盆地东西长30km，宽约12km，总面积240km²，是一个呈东西向菱形的断陷盆地，盆地内出露有距今2.01亿～0.23亿年的侏罗纪、白垩纪和古近纪地层，其中含大量十分精美的鱼类和植物化石，独具特色。

宁明县城处于盆地之中，近年来随着城市的开发，县城附近开挖出大面积的新生代古近系岩层，在这里无论是建筑工地还是公路的边坡又或者是空旷的野外，你都有可能找到化石的踪迹。

迄今为止在宁明盆地内发现的化石包括种类丰富的鱼类和植物，花粉孢子、遗迹，以及少量昆虫和龟鳖等。其中植物化石有蕨类、裸子植物和被子植物共计50余属100多种。宁明三尖杉、广西柏木和花山翠柏是此地裸子植物化石的突出代表；被子植物化石则有广西黄杞、宁明类黄杞、拉森尼蹄甲等；鱼类化石以鲤形目、鲱鱼目、鲈形目、鲇形目为主。

宁明丰富的植物和鱼类化石被古生物学家统称为"宁明生物群"。

照片引自《化石：洪荒时代的印记》（理查德·福提，2017）。

05 凝固的湖光翠影：宁明古鱼、植物

宁明三尖杉（*Cephalotaxus ningmingensis*）

产自广西宁明县的一种松柏类植物，是宁明盆地的代表性植物化石，标本长 5cm。

广西类黄杞（*Palaeocarya guangxiensis*）

产自广西宁明县，是宁明盆地的代表性植物化石，标本长 6cm。

05 凝固的湖光翠影：宁明古鱼、植物

产自宁明盆地中形形色色的植物叶子。图中的桉树叶（3）、棕榈叶（4）化石，证明了约 0.3 亿年前的宁明乃至整个广西地区当时的气候环境是十分温暖的，与今天并无太大差异。

这是一片保存在粉砂岩中的残破树叶，推测叶片大于15cm，我们可以看到它清晰的叶脉。

细节清晰的叶脉，叶片大于10cm。

05 凝固的湖光翠影：宁明古鱼、植物

炭化、沥青化了的植物木质茎化石，野外可见其木质直径 3～30cm 不等。

远古的生灵 化石的故事
——广西重要古生物化石科普图册

来自贺州中泥盆世一个绝灭的古鱼类类群——盾皮鱼。

图片为盾皮鱼的腹侧片，表面有明显的疣状突起，盾皮鱼类具独特有趣的外表。

05 凝固的湖光翠影：宁明古鱼、植物

产自宁明县的鲤形目鱼类化石，可惜尾部未能保留，鱼头骨部分被压扁，标本长度大于 20cm。

保存在砂岩中的粗棘花山鲤（*Huashancyprinus robustispinus*）化石，标本产自宁明县，长约 25cm。

05 凝固的湖光翠影：宁明古鱼、植物

保存在砂岩中较完整的鲱鱼化石及鱼骨化石，标本产自宁明，长 20cm 以上。

照片引自《隐藏的风景——广西的古生物化石记》（曾广春等，2018）。

1：产自贺街镇泥盆纪时期的沟鳞鱼（幼体）。

2：产自贺街镇的异骨鱼骨片、甲片。

①比较原始的短胸节甲鱼类的中颈片；②⑤⑩⑪异骨鱼类分离的前背侧片与前侧片复合体 (anterior dorsolateral plate and anterior lateral plate complex)，其中⑩⑪为前段；③粒骨鱼形类的中背片；④比较原始的短胸节甲鱼类的未知骨片；⑥异骨鱼类分离的边缘片 (marginal plate)；⑦异骨鱼类中背片后面的基片 (basalplate)；⑧异骨鱼类的比较完整的颅顶甲 (skull roof)；⑨比较原始的短胸节甲鱼类的颅顶甲 (skull roof)。

06 生命的形迹：其他化石

笔石：一种绝迹了的海洋群体海生动物。它由许多胎管连接生长，排成一条笔石枝，再由一个或多个笔石枝构成一个笔石体。笔石主要有树形笔石和正笔石两类。它们靠固着或者漂浮方式生活。底栖固着生活的笔石有固定的根、茎等构造。

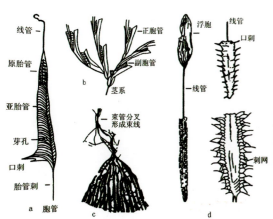

树形笔石（*Dendrograptus* sp.）

产自靖西"果乐生物群"，距今 4.97 亿～4.85 亿年的晚寒武世，是广西最古老的笔石化石。

远古的生灵　化石的故事
——广西重要古生物化石科普图册

螺旋笔石（*Spirograptus* sp.）

保存在页岩中较完整的笔石化石，产自防城港地区距今约 4.2 亿年的晚志留世。

06 生命的形迹：其他化石

右图：保存在三叠纪泥岩中较完整的巴拉顿菊石（*Baratonite* sp.），产自广西乐业地区，距今约 2.4 亿年。

菊石：在泥盆纪早期由鹦鹉螺演化而来的一种已灭绝海生软体动物，是石炭纪—白垩纪时期最为丰富的化石类群之一。

菊石与现生深海生物一样，对水温有不同的偏好，不同纬度海域具有不同类的菊石。因此，菊石的动物区系分布研究是推测古海洋温度带及海陆分布的一种重要手段。

上图及右下图：保存在晚二叠世泥岩中较完整的菊石化石。产自广西来宾地区，距今 2.65 亿～2.52 亿年。

产自广西乐业县上岗菊石生物群中的菊石化石，大量保存完好的个体粗大、纹饰清晰的菊石及其他门类的生物堆积成山。

在地质历史时期的 5 次生物大灭绝中，二叠纪、三叠纪之交（距今约 2.52 亿年）的那次生物大灭绝是规模最大的一次，地球上几乎 75% 的生物均灭绝了，而在乐业上岗的菊石生物群见证（经历）了这场生物绝灭—复苏—繁盛的过程。

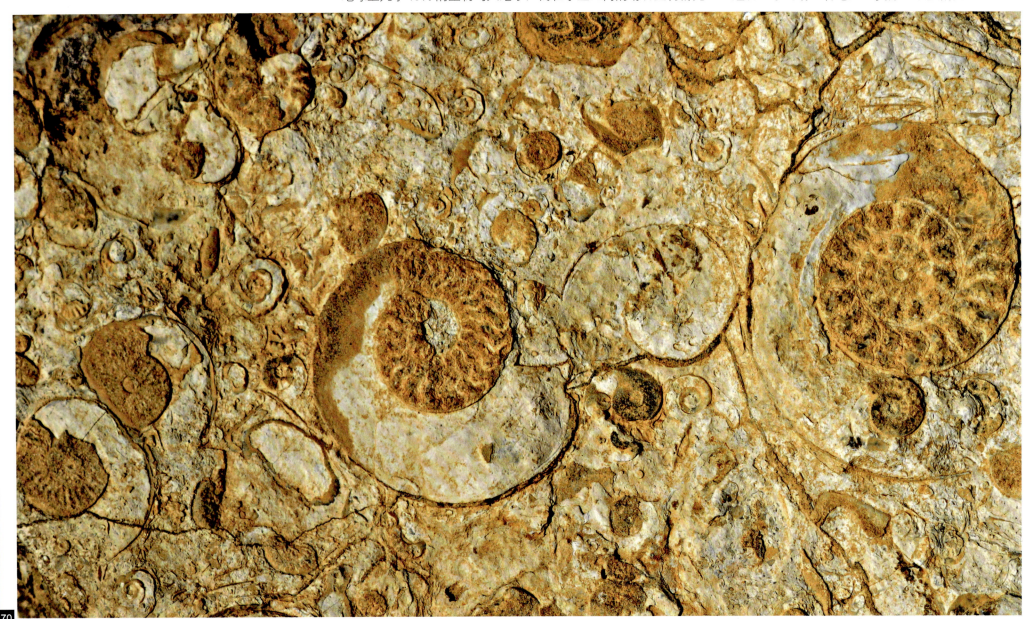

06 生命的形迹：其他化石

大家都吃过花甲吗？或者吃过贝壳吗？
你见过壳体超过1m的花甲或者贝壳吗？
你见过壳体像飘带一样柔软的花甲吗？

下图是一个完整的巨蛤两瓣壳体的原始咬合状态。

现代餐桌上的花甲

这是生活在中二叠世（距今2.7亿~2.6亿年）海洋里的巨蛤Alatoconchidae，它们就是这样一种巨大的"花甲"，它个体最大可达1m，属于双壳类动物，如今它们早已灭绝，被埋藏在那些黑色的岩石之中。

图片向我们展示了它们好似飘带、荷叶一样宽大柔软的壳体，在过去的30年里，它被地质学家广泛认为是植物类荷叶藻或者叶状藻，今天看来它们居然属于动物，不得不让我们惊叹地球上曾经的生物是那么的奇特和怪诞……

一个完整巨蛤的两瓣壳体原始咬合状态。

图中显示的是生活在中二叠世（距今 2.7 亿～2.6 亿年）海洋里的一种生物巨蛤 Alatoconchidae（或称翅蛤），它们属于双壳类动物，如今已灭绝。

06 生命的形迹：其他化石

东方广西龙
（Kwangsisaurus orientalis）

产自广西武鸣伏彭屯。属鳍龙类，时代距今约 2.5 亿年（中三叠世早期），虽然它叫东方广西龙，但它却不属于真正的恐龙，它是一种水生爬行动物，是迄今广西发现的唯一的也是最古老的海生爬行动物化石。

叠层石：

一种由蓝细菌等微生物群体形成的层状、微层状生物沉积构造。叠层石最早出现在35亿年前，它的生长是通过细菌对沉积物的捕集和黏附、微生物的钙化作用，以及碳酸盐矿物的原地沉淀作用形成的。因此，对它进行研究可以揭示远古时期的沉积环境状况、生物作用，以及地球上最早期生物演化情况。下图是产自广西来宾市蒙村一带早石炭世（距今3.4亿～3.3亿年）的藻叠层石，就像一朵美丽"石花"。其生长形态美观，礁岩组合及沉积特征明显，在全国也是为数不多的。

06 生命的形迹：其他化石

如蘑菇朵朵，似层柱叠叠，上拱穹隆，汇聚成丘，"藻生扇花开，海织云锦绣"。这是产自广西田阳百朝中泥盆统的藻叠层石。

广西的古生物化石资源十分丰富，几乎有沉积岩的地方就有化石，除前面展示的三叶虫、腕足类、造礁生物海绵、层孔虫、海绵、珊瑚类、恐龙化石、鱼类、植物类、笔石等重要属种外，还有双壳类、海百合、苔藓虫、蜓、竹节石等。

蜓，产自隆林祥播

海百合茎，产自贵港平南

苔藓虫，产自田林

06 生命的形迹：其他化石

竹节石：

一种已经绝灭了的海洋软体动物，它们的壳体很小，形态大多为细长的圆锥形，有非常漂亮的纹饰，今天我们所看到的是它们钙质硬壳体或是残留在石头上的印模。竹节石大多以浮、漂游方式生活在距今4.4亿～3.6亿年的奥陶纪、志留纪和泥盆纪。广西是我国竹节石最为丰富、发育最好和研究最深入的地区，它们属种繁多，以南丹罗富剖面为基础，辅以桂西、桂南、桂东北的一些剖面，整个泥盆系共建立了25个竹节石化石带。

竹节石，产自贵港平南

远古的生灵 化石的故事
——广西重要古生物化石科普图册

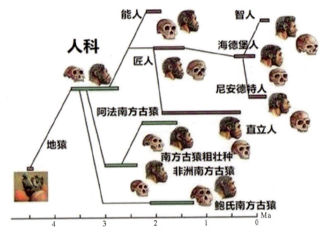

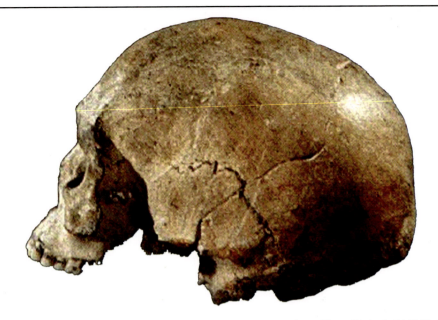

1958年9月24日出土于柳州市新兴农场的柳江人。有学者认为他是蒙古人种一个南方属种的典型代表，是距今为止在中国发现最早的现代人活化石。

1924年发现于南非的第一个南方古猿（*Australopithecus*）标本——汤恩男孩（Taung child）的化石。

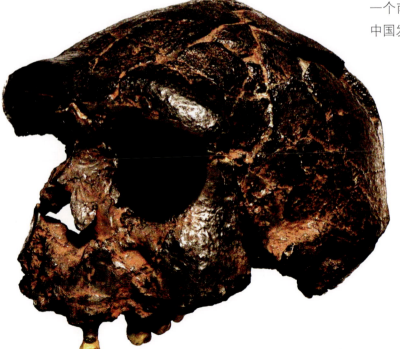

直立人——爪哇人头骨，具有极为粗壮的眉骨和较厚的骨壁。

图片引自《化石：洪荒时代的印记》（理查德·福提，2017）。

后 记

　　古生物化石保存着重要的生命信息。化石可以告诉我们地球上曾经发生过的沧海桑田和巨大变迁；化石可以告诉我们人类起源与鱼的关系，甚至更早的渊源（人与鱼的故事）；化石可以告诉我们环境变迁与物种生存息息相关……

　　化石是生命长河的瞬间印迹，是生命在地球上的展板，是生命的沉淀，是地球演化历史的风景。

　　本图册旨在利用极少部分广西典型的、特色的古生物化石照片，配以通俗易懂的说明文字，向读者讲述在这片土地上的地质历史长河中生命演化的见证者（古生物化石）的故事。

　　最后对为本图册提供了照片、信息及修改意见的各位专家、学者、同仁及网友白水、彭城建客、御风而行等广大的古生物化石爱好者表示衷心的感谢！